Lecturas de conceptos matemáticos

Combatir fuego con fuego

por Sarah Mastrianni

Copyright © by Gareth Stevens, Inc. All rights reserved.

Developed for Harcourt, Inc., by Gareth Stevens, Inc. This edition published by Harcourt, Inc., by agreement with Gareth Stevens, Inc. No part of this publication may be reproduced or transmitted in any form or by any means, electronic or mechanical, including photocopy, recording, or any information storage and retrieval system, without permission in writing from the copyright holder.

Requests for permission to make copies of any part of the work should be addressed to Permissions Department, Gareth Stevens, Inc., 1 Reader's Digest Road, Pleasantville, NY 10570.

HARCOURT and the Harcourt Logo are trademarks of Harcourt, Inc., registered in the United States of America and/or other jurisdictions.

Printed in the United States of America

ISBN 13: 978-0-15-369286-4
ISBN 10: 0-15-369286-3

If you have received these materials as examination copies free of charge, Harcourt School Publishers retains title to the materials and they may not be resold. Resale of examination copies is strictly prohibited and is illegal.

Possession of this publication in print format does not entitle users to convert this publication, or any portion of it, into electronic format.

5 6 7 8 9 10 1083 16 15 14
4500485008

Capítulo 1:
El fuego: necesario para la vida

Los pinos de cabaña de las montañas Rocosas son árboles sorprendentes. Son altos. También son muy delgados. Crecen en diferentes ambientes: desde ciénagas húmedas hasta suelos secos. Hace mucho tiempo, los indígenas les quitaban la corteza para utilizarla como medicina y hornear pan. Hoy la gente utiliza este pino para hacer muebles y postes de cercas, entre otras cosas. Pero este árbol tiene una cualidad sorprendente más.

Las semillas de la piña del pino de cabaña de las montañas Rocosas sólo se esparcen en temperaturas muy altas. De hecho, las temperaturas tienen que llegar a entre los 113 y los 120° Fahrenheit. En la mayoría de los lugares, sólo el fuego puede crear estas condiciones de alta temperatura.

Los pinos de cabaña de las Rocosas necesitan el elevado calor del fuego para esparcir las semillas de sus piñas.

El fuego tiene otros beneficios además de esparcir las semillas del pino de cabaña. Puede crear brotes nuevos que alimentan los animales. Los venados comen el pasto que crece después de un incendio. El fuego crea refugios. Algunos escarabajos ponen sus huevos en los árboles quemados. Cuando se queman hojas y plantas que cubren el suelo, el bosque recibe la luz solar y brotes nuevos.

Algunos incendios, llamados *incendios prescritos o quemas controladas*, ayudan a evitar que se dispersen los incendios forestales. Ayudan a reducir los bosques superpoblados de forma natural y a reducir la acumulación de combustible. La madera muerta, los árboles enfermos y las gruesas capas de agujas de pino son combustibles para incendios.

Un jefe de incendios habla con su equipo de bomberos sobre un incendio prescrito.

Un incendio puede comenzar por causas naturales. La gente también puede iniciar una quema controlada. Estos incendios se planean y vigilan con atención. Los jefes de incendios están a cargo de los incendios prescritos. Determinan el área para quemar. Los jefes de incendios calculan con cuidado el perímetro de una quema planeada.

Perímetro tiene más de un significado para un jefe de incendios. Perímetro puede ser el borde de un incendio. Perímetro también puede ser el área alrededor del incendio. Los incendios prescritos necesitan que la gente tome en cuenta ambos significados de perímetro. No es fácil estar a cargo de un incendio prescrito.

Los jefes de incendios usan mapas para decidir qué área van a quemar exactamente.

Para ser jefe de incendios se necesita estar bien capacitado. Un jefe de incendios tiene que conocer las medidas de seguridad en incendios. Para hacer bien su trabajo, utilizan mapas y programas de computadora.

Planear bien un incendio también requiere estar bien capacitado. Los jefes de incendios saben el lugar exacto que van a quemar. Toman en cuenta la temperatura y la dirección del viento. Tienen que pensar en la humedad del aire, entre otras cosas. El incendio tiene que ser suficientemente caliente para quemar los escombros. Sin embargo, no debe ser tan caliente que destruya los árboles grandes o los hábitats de animales. Un incendio prescrito necesita un equipo capacitado. Necesita muchas herramientas.

Capítulo 2:
El mapa del incendio

La gente usa mapas para planear una quema controlada. Los mapas muestran el lugar exacto. Le permiten a la gente "ver" qué hay en el área para quemar.

A menudo, el jefe invita a un biólogo experto para planear una quema. Observan el mapa del lugar de un fuego prescrito. Deciden si el fuego dañará o no el hábitat de algún animal.

Los mapas también ayudan a decidir dónde colocar las repetidoras. Las repetidoras son torres de radio alrededor de la quema que comparten información. Los mapas muestran el perímetro de una quema. El perímetro se calcula sumando las longitudes de los lados de la sección para quemar.

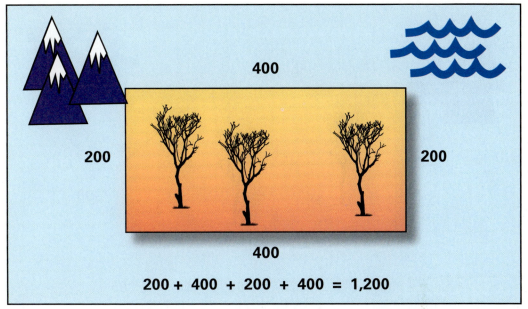

El perímetro de esta área de quema rectangular es de 1,200 pies.

Recuerda, perímetro puede tener dos significados cuando se trata de un incendio prescrito. Supongamos que se planea una quema controlada dentro de una figura rectangular. El perímetro se refiere al borde del rectángulo mismo. También se refiere a la distancia alrededor del rectángulo. Puedes encontrar el perímetro de la figura rectangular utilizando esta fórmula:

$P = (2 \times b) + (2 \times a)$
$P = (2 \times 400) + (2 \times 200)$
$P = 1,200$

El perímetro de esta quema es de 1,200 pies.

Un mapa muestra el lugar de la quema. El mapa muestra todas las cosas alrededor del perímetro, como montañas o ríos.

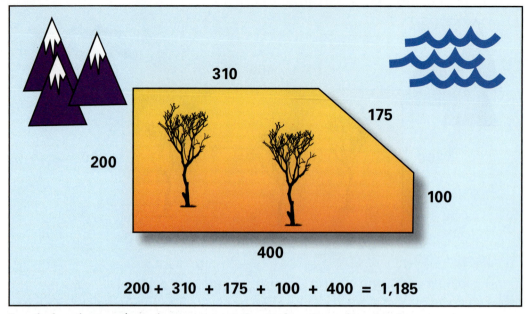

Los lados de esta área de quema no tienen la misma longitud. El perímetro es de 1,185 pies.

A menudo, el perímetro de una quema no es una figura con lados iguales. El jefe recorre el perímetro con un biólogo experto. Juntos encuentran lugares que no deberán quemarse. Esos lugares pueden ser el hogar de un animal en peligro de extinción. En tal caso, el jefe vuelve a calcular el perímetro. Ahora los lados miden 200 pies, 310 pies, 175 pies, 100 pies y 400 pies.

$P = a + b + c + d + e$
$P = 400 + 310 + 200 + 175 + 100$
$P = 1,185$

Ahora, el perímetro del incendio es de 1,185 pies.

Los bomberos recorren una trinchera llamada línea de fuego.

Los mapas les dan información a los bomberos. Pueden usar el mapa para localizar dónde se llevará a cabo un incendio planeado. Pueden descubrir que la quema tiene unos 190 pies de un lado, 240 pies de otro lado y 85 pies de un tercer lado.

$P = a + b + c$
$P = 190 + 240 + 85 = 515$
$P = 515$

Los bomberos necesitan controlar un perímetro de unos 515 pies. Conocer el perímetro le ayuda al jefe a decidir cuántos bomberos necesita para controlar la quema. Los mapas ayudan a los bomberos a saber exactamente dónde tienen que estar durante un incendio prescrito.

Capítulo 3:
De color café a verde

La organización de una quema controlada necesita una planeación cuidadosa. La quema misma también es un trabajo difícil. El jefe de incendios y los bomberos tienen que estar preparados. Cada detalle es importante.

Una de las primeras cosas que hace el equipo es cavar una trinchera. Esta trinchera se llama línea de fuego. La línea de fuego se hace cavando en el suelo donde no hay combustible que se queme. Evita que el fuego se extienda. Esta trinchera a menudo forma parte del perímetro, o quizás de todo. Un cuerpo de agua o un camino puede formar parte del perímetro.

Los encendedores preparan su equipo antes de tender las líneas de fuego.

Se establece una línea de fuego. Luego, los *encendedores* tienden las líneas de fuego. Los encendedores son profesionales capacitados. Mantienen las líneas de fuego juntas. Al mantener el fuego encendido en una área pequeña del suelo, crean una línea de quema. Con las líneas de fuego y una línea de quema formadas, el equipo permite que el fuego crezca. El combustible arde según la sección crece. Las hojas y ramas secas sirven como combustible.

Los encendedores utilizan equipo de protección. Es muy importante que los participantes de la quema controlada respeten el poder del fuego. Con las medidas de precaución apropiadas, nadie saldrá lesionado. Pronto, la vida nueva llegará al bosque.

Los miembros del equipo se comunican la información sobre el incendio.

El equipo de incendios prescritos se mantiene en constante comunicación. Esto ayuda a que todos estén a salvo. También evita que el incendio se salga de control. Un jefe de incendios puede colocar a los bomberos a lo largo del perímetro utilizando un Sistema de Posicionamiento Global (GPS). Por ejemplo, un jefe sabe que un lado de una quema mide unos 100 pies. El segundo lado, unos 75 pies y el tercer lado, unos 165 pies.

$P = a + b + c$
$P = 100 + 75 + 165$
$P = 340$

Al sumar todos los lados, el jefe de incendios sabe cómo y dónde colocar a los bomberos en un perímetro de unos 340 pies.

Un bombero apaga con agua las brasas después de que se extinguen las llamas.

El equipo de quema controlada observa el incendio con atención. Trabajan alrededor del perímetro, o borde, del lugar que se está quemando. Buscan con cuidado las brasas que arden. Con mapas, saben exactamente dónde debe arder el fuego y dónde no.

El equipo contra incendios se prepara con muchas herramientas. Utilizan mochilas con bombas de agua. Con las bombas, el equipo extingue rápidamente las llamas que cruzan el perímetro hacia las partes del bosque no incluidas en el plan del incendio prescrito. Ésta es una forma más en que el equipo mantiene a salvo el bosque. También se protegen a sí mismos.

Los miembros del equipo liquidan y se aseguran de que no existan fuegos pequeños.

La quema ha terminado. Ahora el equipo comienza con la etapa de limpieza. Esta etapa se llama a menudo *liquidación*. Liquidar significa que el equipo recorre la zona de quema para extinguir cualquier fuego de rescoldo restante.

Algunas veces no se puede ver el fuego. Eso no significa que no esté allí. El fuego puede quemar un tronco bajo tierra. Si un fuego pequeño como éste no se atiende, podría volver a crecer. Al encontrar estos fuegos pequeños, los bomberos se aseguran de que no se enciendan fuegos no deseados. También se aseguran de que después de concluido el incendio prescrito, se haya terminado realmente.

Todo lo que está dentro del perímetro de un incendio prescrito crecerá de nuevo en abundancia.

En semanas, la región quemada tendrá brotes nuevos. Los nutrientes devueltos a la tierra mediante el fuego ayudarán a que crezca el pasto. La planeación cuidadosa evita que se dispersen los peligrosos incendios forestales. Dentro del perímetro, todo crece de nuevo en abundancia.

La dispersión de semillas de los pinos de cabaña es uno de los muchos ejemplos de los beneficios del fuego. Desde la creación de hábitats nuevos hasta estimular el crecimiento de plantas nuevas, el fuego puede ser una fuerza positiva. El fuego es tan necesario para la vida como el agua y el sol. Los incendios prescritos, bien planeados y ejecutados con cuidado, ayudan a mantener el ciclo de vida.

Glosario

ejecutado llevado a cabo de acuerdo con un plan

en peligro de extinción amenazado por la extinción

escombros pedazos de plantas y árboles que se acumulan en el suelo de los bosques

extinguir apagar

fuego de rescoldo arder sin llamas, comúnmente en forma lenta y con mucho humo

hábitat el lugar donde viven o crecen plantas o animales

perímetro la distancia alrededor de una figura o un borde

precaución acción que ocurre antes para proteger contra algún peligro

trinchera dique largo cavado en el suelo

Photo Credits: cover, title page, pp. 3 (both), 5, 14, 15 (both): National Park Service; pp. 4, 9, 11, 12, 13: U.S. Fish and Wildlife Service